Abdoul Fatah Kanta

# Cellule photovoltaïque de 3ème génération

Abdoul Fatah Kanta

# Cellule photovoltaïque de 3ème génération

## Les cellules nanocristallines à colorant

**Presses Académiques Francophones**

**Impressum / Mentions légales**
Bibliografische Information der Deutschen Nationalbibliothek: Die Deutsche Nationalbibliothek verzeichnet diese Publikation in der Deutschen Nationalbibliografie; detaillierte bibliografische Daten sind im Internet über http://dnb.d-nb.de abrufbar.
Alle in diesem Buch genannten Marken und Produktnamen unterliegen warenzeichen-, marken- oder patentrechtlichem Schutz bzw. sind Warenzeichen oder eingetragene Warenzeichen der jeweiligen Inhaber. Die Wiedergabe von Marken, Produktnamen, Gebrauchsnamen, Handelsnamen, Warenbezeichnungen u.s.w. in diesem Werk berechtigt auch ohne besondere Kennzeichnung nicht zu der Annahme, dass solche Namen im Sinne der Warenzeichen- und Markenschutzgesetzgebung als frei zu betrachten wären und daher von jedermann benutzt werden dürften.

Information bibliographique publiée par la Deutsche Nationalbibliothek: La Deutsche Nationalbibliothek inscrit cette publication à la Deutsche Nationalbibliografie; des données bibliographiques détaillées sont disponibles sur internet à l'adresse http://dnb.d-nb.de.
Toutes marques et noms de produits mentionnés dans ce livre demeurent sous la protection des marques, des marques déposées et des brevets, et sont des marques ou des marques déposées de leurs détenteurs respectifs. L'utilisation des marques, noms de produits, noms communs, noms commerciaux, descriptions de produits, etc, même sans qu'ils soient mentionnés de façon particulière dans ce livre ne signifie en aucune façon que ces noms peuvent être utilisés sans restriction à l'égard de la législation pour la protection des marques et des marques déposées et pourraient donc être utilisés par quiconque.

Coverbild / Photo de couverture: www.ingimage.com

Verlag / Editeur:
Presses Académiques Francophones
ist ein Imprint der / est une marque déposée de
OmniScriptum GmbH & Co. KG
Heinrich-Böcking-Str. 6-8, 66121 Saarbrücken, Deutschland / Allemagne
Email: info@presses-academiques.com

Herstellung: siehe letzte Seite /
Impression: voir la dernière page
**ISBN: 978-3-8381-4098-8**

**Table des matières**

# 1. Introduction

De nos jours, malgré une prise de conscience des nombreux problèmes liés aux combustibles fossiles d'une part (épuisement des ressources, réchauffement climatique, etc.) et des risques inhérents à l'exploitation du combustible nucléaire d'autre part, ces deux catégories de ressources sont toujours à l'origine de plus de 80% de l'énergie électrique produite à l'échelle mondiale. Dans le but de réduire cette proportion, des efforts considérables doivent être consentis pour développer les moyens d'exploitation des sources d'énergie alternatives.

Parmi les sources d'énergie alternatives il y a le soleil. En effet ce dernier est à l'origine de nombreuses énergies renouvelables. Son rayonnement constitue en lui-même une énergie exploitable [1]. Le niveau d'irradiance (le flux énergétique) arrivant à la surface de la Terre dépend de la longueur d'onde du rayonnement solaire.

Le caractère renouvelable d'une énergie dépend de la vitesse à laquelle la source se régénère, mais aussi de la vitesse à laquelle elle est consommée. À l'heure actuelle, la part des énergies renouvelables dans la production électrique totale ne cesse de croître [2, 3].

Deux grandes familles d'énergie solaire se distinguent :

- l'énergie solaire thermique qui utilise la chaleur transmise par rayonnement,
- l'énergie photovoltaïque qui utilise le rayonnement lui-même.

Dans cette étude nous nous intéresserons au cas de l'énergie photovoltaïque. Cette dernière suscite énormément d'espérance en terme environnemental, mais aussi économique, au vu de l'énorme potentiel dont elle dispose.

L'énergie solaire photovoltaïque provient de la conversion de la lumière du soleil en électricité au sein de matériaux semi-conducteurs comme le silicium ou recouverts d'une mince couche métallique. Ces matériaux photosensibles ont la propriété de libérer leurs électrons sous l'influence d'une énergie extérieure.

L'énergie est apportée par les photons, (composants de la lumière) qui heurtent les électrons et les libèrent, induisant un courant électrique. Ce courant continu de micropuissance calculé en watt crête (Wc) peut être transformé en courant alternatif grâce à un onduleur. L'électricité produite est disponible sous forme d'électricité directe ou stockée en batteries (énergie électrique décentralisée) ou en électricité injectée dans le réseau. Un générateur solaire photovoltaïque est composé de modules photovoltaïques eux même composés de cellules photovoltaïques connectées entre elles. Les performances d'une installation photovoltaïque dépendent de l'orientation des panneaux solaires et des zones d'ensoleillement dans lesquelles vous vous trouvez.

L'expansion de cette technologie est limitée par son coût de fabrication. Malgré l'augmentation du coût de l'énergie, le prix moyen du kilowattheure photovoltaïque généré est encore loin de concurrencer celui provenant des filières de production classique (nucléaire, pétrole) [3].

Les raisons d'intégrer cette énergie sont pourtant nombreuses :
- quantité et gratuité de la source d'énergie ;
- indépendance énergétique (face à la spéculation du marché, le tarissement des ressources, les contextes géopolitiques) ;
- participation à l'effort global de lutte contre le réchauffement climatique (aucun rejet de gaz à effet de serre en fonctionnement) ;
- fiabilité et durée de vie des équipements (statiques, nécessitant peu d'entretien).

La progression de cette filière et sa mise en concurrence avec les voies classiques de production d'électricité passe à moyen terme par une amélioration substantielle de la technologie (actuellement les panneaux photovoltaïques ont un rendement énergétique de seulement 10 à 20 % selon les technologies mises en œuvres) et une diminution des coûts de production.

Les cellules photovoltaïques les plus commercialisées actuellement sont des cellules de première génération à base de silicium massif (monocristallin ou polycristallin), fonctionnant sur le principe de la jonction p-n. Il s'agit d'une technologie éprouvée mais néanmoins assez coûteuse.

Dans l'objectif de réduire les coûts de fabrication, de nouvelles générations de cellules ont été mises au point. Il s'agit de la technologie des cellules organiques et des cellules nanocristallines à colorant (cellules de Grätzel ou DSSCs pour *dye-sensitized solar cells*) qui fait l'objet des domaines auxquels on s'intéresse dans ce manuscrit.

Ces cellules fonctionnent sur le principe d'une pile électrochimique, c'est-à-dire à l'aide d'une anode (la photo-électrode) et d'une cathode (la contre-électrode), reliées par l'intermédiaire d'un électrolyte liquide d'une part et via le circuit extérieur d'autre part. Au sein de la photo-électrode, deux éléments jouent un rôle essentiel : le colorant, qui permet l'absorption de photons et la génération de charges électriques, ainsi que le semi-conducteur, qui accepte ces charges et assure leur conduction jusqu'au circuit extérieur. Au niveau de la contre-électrode, un catalyseur permet de faciliter la réaction d'oxydo-réduction du couple médiateur présent dans l'électrolyte, étape indispensable au fonctionnement de la cellule.

## 2. Généralités

L'énergie solaire photovoltaïque est une énergie électrique produite à partir du rayonnement solaire qui fait partie des énergies renouvelables. La cellule photovoltaïque (plus petit élément de la cellule capable de délivrer une énergie électrique à partir d'un rayonnement) est un composant électronique qui est la base des installations produisant cette énergie. Elle fonctionne sur le principe de l'effet photoélectrique. En effet, la cellule est conçue de sorte que les photons incidents puissent amener des électrons dans un état excité, et ce que ces derniers ne se recombinent pas avant d'être collectés par le circuit extérieur. Plusieurs cellules sont reliées entre-elles sur un module solaire photovoltaïque, plusieurs modules sont regroupés pour former une installation solaire. Ce type de cellule permet de conjuguer bon rendement énergétique et bas coût de fabrication, en raison de la nature des matériaux employés dans sa conception. Cette installation produit de l'électricité qui peut être consommée sur place ou alimenter un réseau de distribution.

Il existe plusieurs techniques de modules solaires photovoltaïques (assemblage de plusieurs cellules en vue d'obtenir un niveau de tension et/ou de courant acceptable) :

- Les modules solaires monocristallins : ils possèdent un meilleur rendement au m², et sont essentiellement utilisés lorsque les espaces sont restreints. Le coût, plus élevé que celui d'une autre installation de même puissance, contrarie le développement de cette technique ;
- Les modules solaires polycristallins : actuellement c'est le meilleur rapport qualité/prix et les plus utilisés. Ils ont un bon rendement et une bonne durée de vie (plus de 35 ans), et en plus ils peuvent être fabriqués à partir de déchets de l'électronique ;
- Les modules solaires amorphes : ces modules auront un bon avenir car ils peuvent être souples et ont une meilleure production par faible lumière.

Le silicium amorphe possède un rendement divisé par deux par rapport à celui du cristallin, ce qui nécessite plus de surface pour la même puissance installée. Toutefois, le prix au m² installé est plus faible que pour des panneaux solaires composés de cellules ;

- Les modules solaires en couche mince à base d'absorbeur CdTe (tellurure de cadmium) ;
- Les modules solaires en couche mince à base d'absorbeur CIGS (cuivre, indium, gallium et sélénium).

Les nouvelles technologies des cellules visent à combiner rendement énergétique acceptable et coût de fabrication raisonnable. Ces technologies sont toujours au stade du développement.

- cellules à jonctions multiples : L'idée consiste à superposer des jonctions possédant des gaps d'énergie complémentaires, couvrant l'ensemble du spectre solaire. Les rendements théoriques annoncés sont impressionnants, mais de lourds problèmes de pertes résistives et de stabilité chimique des constituants sont à noter.
- cellules organiques : Le faible coût des matériaux et l'éventail de gaps d'énergie couvert ne compense pas les faibles rendements obtenus (4-5%). En outre, elles résistent très mal au vieillissement. Cette technologie est toujours au stade de la recherche.
- cellules solaires dopées en colorant ou *dye-sensitized solar cell* (DSSC) ou encore cellule Grätzel [4 5]. On s'intéressera aux principes physiques de base qui régissent le comportement général de ces types de cellules photovoltaïques. Cette technologie ne fait pas intervenir de jonction p-n, mais s'appuie sur le principe des cellules électrochimiques.

C'est précisément cette dernière technologie qui est abordée dans ce document. Les DSSCs présentent l'intérêt de faire intervenir des matériaux abondants et bon marché (à l'exception du colorant, et éventuellement du platine aux électrodes), ceux-ci étant mis en œuvre avec des technologies relativement simples. D'autres avantages peuvent être mis en exergue, notamment la potentialité de fabriquer des cellules transparentes ou colorées, facilement intégrables dans des architectures modernes, ou sur des appareils électroniques. Les DSSCs permettent également d'exploiter au mieux le rayonnement diffus, en intérieur comme en extérieur (ciel nuageux). Enfin, l'efficacité de ces cellules est indépendante de la température, contrairement aux cellules à base de silicium dont le rendement décroît à haute température.

Les meilleurs rendements atteints actuellement par les DSSCs sont de l'ordre de 11 à 12% **[6 7]**, soit moins de la moitié de ceux envisageables pour certaines cellules au silicium. Par ailleurs, des challenges de taille persistent en vue d'une amélioration de la technologie, le principal étant de remplacer l'électrolyte liquide par un solide, pour se défaire des problèmes de fuite ou d'évaporation du solvant qui limitent de façon cruciale la stabilité et la durée de vie des cellules.

## 3. Fonctionnement de la cellule de Grätzel

Le principe de l'obtention du courant par les cellules photovoltaïques s'appelle l'effet photoélectrique. Ces cellules produisent du courant continu à partir du rayonnement solaire. Ensuite l'utilisation de ce courant continu diffère d'une installation à l'autre, selon le but de celle-ci. On distingue principalement deux types d'utilisation, celui où l'installation photovoltaïque est connectée à un réseau de distribution d'électricité et celui où elle ne l'est pas.

Les installations non connectées peuvent directement consommer l'électricité produite. À petite échelle, c'est le cas des calculatrices solaires et autres gadgets, conçus pour fonctionner en présence de lumière naturelle ou artificielle (dans un logement ou un bureau). A grande échelle, des sites non raccordés au réseau électrique (en montagne, sur des îles ou des voiliers, un satellite, etc.) sont alimentés de la sorte, avec des batteries d'accumulateurs pour disposer d'électricité au cours de périodes sans lumière (la nuit notamment).

Les modules photovoltaïques sont le résultat de l'association en série et/ou en parallèle des cellules en vue d'obtenir des courants ou des tensions convenables. En pratique, sont ajoutés à ces systèmes, des éléments d'électronique de puissance (diodes, convertisseurs, éléments de stockage) (Figure 1).

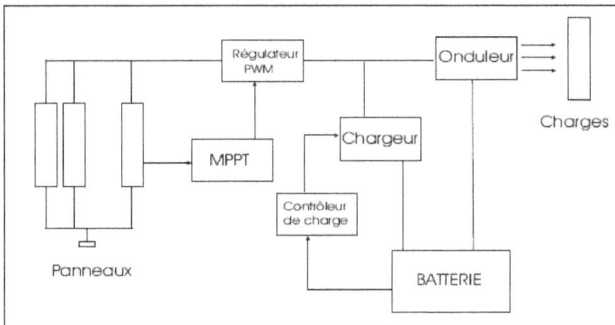

Figure 1 - Schéma typique d'un système photovoltaïque [2].

La cellule Grätzel (Figure 2) est un système photoélectrochimique inspiré de la photosynthèse végétale constitué d'un électrolyte donneur d'électron (analogue à l'eau dans la photosynthèse) sous l'effet d'un pigment excité par le rayonnement solaire (analogue à un pigment photosynthétique tel que la chlorophylle). La force électromotrice de ce système vient de la rapidité avec laquelle l'électrolyte compense l'électron perdu par le pigment excité avant que ce dernier ne se recombine : le pigment photosensible est imprégné dans un matériau semiconducteur fixé à la paroi transparente et conductrice située face au soleil, de sorte que l'électron libéré par le pigment diffuse jusqu'à la paroi conductrice à travers le matériau semiconducteur pour venir s'accumuler dans la paroi supérieure de la cellule et générer une différence de potentiel avec la paroi inférieure. L'absorption d'un photon incident par le colorant amène un électron à l'état excité, et celui-ci est ensuite injecté dans la bande de conduction de

9

l'oxyde semi-conducteur, qui assure son déplacement rapide jusqu'à l'électrode, avec peu de possibilités de recombinaison. Le déplacement du trou vers l'autre électrode est assuré par l'électrolyte.

Ces dispositifs sont prometteurs car ils font intervenir des matériaux bon marché mis en œuvre avec des technologies relativement simples. La première cellule à pigment photosensible utilisait :

- une paroi supérieure en oxyde d'étain dopé au fluor $SnO_2\bullet F$, qui est un matériau à la fois transparent et conducteur d'électricité. Sur la face intérieure de cette paroi, de l'oxyde de titane $TiO_2$ pulvérulent semiconducteur dont la surface était imprégnée de polypyridine au ruthénium[1] comme pigment photosensible ;
- un électrolyte iodure/triiodure ($I^-/I_3^-$) baignant l'ensemble en assurant la conduction avec la paroi inférieure de la cellule, qui fermait le circuit.

Ces cellules ont atteint en laboratoire des rendements de 11 % mais sont produites commercialement avec des rendements de 3 à 5 %.

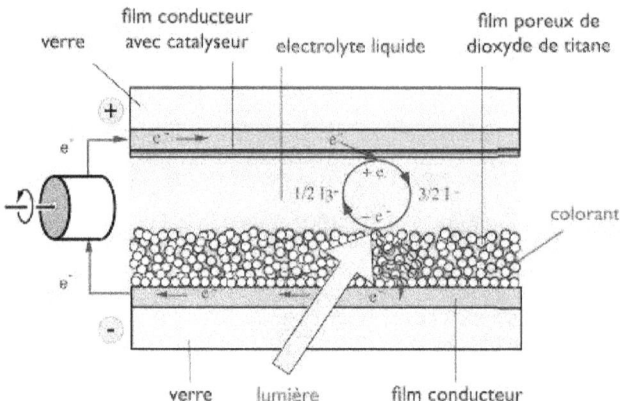

Figure 2 : Représentation schématique de la structure d'une cellule de Grätzel.

---

1 L'analogie avec la photosynthèse est très étroite, car la chlorophylle est structurellement similaire à quatre unités pyridine autour d'un atome de magnésium ; dans le pigment de Grätzel, le cobalt est remplacé par le ruthénium

## 4. Différents éléments de la cellule de Grätzel

### 4.1. Electrodes

Les électrodes, supports physiques des couches minces sont posées, soit en avant (photoanode) de la traversée de la lumière (superstrat rigide en verre ou superstrat souple polymère), soit en arrière (cathode) (substrat semi-rigide métallique : acier inoxydable, aluminium,etc.) [8].

Ils sont également employés en tant que contre-électrode. On y dépose alors en plus une couche de catalyseur (Pt, C) afin d'accélérer la régénération de l'électrolyte.

Si l'électrode (substrat ou contre-électrode) est la placée du côté de la source lumineuse, on cherchera à maximiser la transmission lumineuse et à diminuer autant que possible la résistance électrique.

Parmi les substrats on utilise les verres conducteurs, les polymères et les substrats métalliques.

Au niveau de la contre-électrode les ions tri-iodures ($I_3^-$), formés à partir des iodures ($I^-$) lors de la réduction des cations de colorant, sont réduits en $I^-$ au contact de la contre-électrode. Pour participer à la réduction des tri-iodures, la contre-électrode doit présenter une activité électro-catalytique très élevée. Le plus souvent, du verre conducteur recouvert d'une fine couche de platine est utilisé.

L'inconvénient majeur du platine est son coût très élevé. Le dépôt à la contre-électrode contribue à plus de 40% au coût total de fabrication des DSSCs [9]. Par ailleurs, des travaux ont mis en évidence des risques de dispersion de ce platine dans l'électrolyte, entraînant une dégradation de la cellule [10]. Pour cette raison, de nombreux efforts ont été consacrés à la recherche d'un matériau alternatif, à la fois très stable dans la solution électrolytique et très actif du point de vue électro-catalytique. Différents polymères organiques conducteurs et matériaux carbonés remplissent ces deux conditions. Cependant, étant donné la faible adhésion de ces derniers sur le verre conducteur, il est nécessaire d'employer un liant (cellulose par exemple), celui-ci pouvant augmenter la résistance au transfert de charge, et risquant de se disperser lui-même dans l'électrolyte, entraînant un décollement du film catalytique [9]. Pour s'affranchir du liant, l'électro-polymérisation in situ de monomères organiques sur un substrat conducteur apparaît comme une voie de développement prometteuse [11].

### 4.1.1. Verres conducteurs

Le support de la photo-électrode est une lamelle de verre recouvert d'un oxyde transparent conducteur *(transparent conducting oxide, TCO)*. Pour que la cellule atteigne de bonnes performances, il importe que ce support soit hautement transparent et qu'il présente une faible résistance électrique, même à haute température. Les couches de TCO sont obtenues par dépôt d'une poudre du matériau correspondant [12]. Deux TCO sont utilisés à savoir l'oxyde d'étain dopé au fluor (*FTO*) et l'oxyde d'indium dopé à l'étain (*ITO*). Habituellement, c'est du $SnO_2$ dopé au fluor (*fluorine-doped tin oxide*, FTO) qui est employé.

Les types de conducteur sont caractérisés électriquement par leur résistance par carré [$\Omega$/sq]. Cette dernière correspond à la résistivité électrique de ce matériau divisée par l'épaisseur *e* de la couche de TCO. La résistance par carré trouve sont origine dans la loi de Pouillet.

Les verres TCO ont de manière générale trois fonctions :

- couche conductrice : $\rho$' est inférieure à 20 [$\Omega$/sq] pour des applications en lumière extérieure et de l'ordre de 100 à 200 [$\Omega$/sq] pour les applications en lumière d'intérieur ;
- couche barrière de protection chimique : face au problème éventuelle de contamination de la couche de $TiO_2$ par les impuretés du verre (alcalins

notamment). Il a été démontré que l'alumine est un oxyde très performant pour découpler chimiquement le verre et le TCO ;

- couche antireflet/anti-couleur : au problème classique de la réflexion provenant du saut d'indice, vient s'ajouter dans les systèmes à couches minces multiples, le problème des interférences donnant lieu à des irisations colorées caractéristiques des cellules à couches de TCO d'épaisseur comprise entre 0,1 et 1 µm. Pour pallier à ce phénomène, on choisit une couche d'indice intermédiaire entre celui du TCO et celui du verre (1,7) dont l'épaisseur vaut environ 80 nm pour faire une quart d'onde. A nouveau, l'alumine est un bon candidat.

Ces verres doivent donc être aussi transparents que possible et doivent présenter une résistance mécanique compatible avec les contraintes atmosphériques extérieurs (grêle, vents de sable). Le verre trempé ne convient pas thermiquement car les dépôts d'oxyde conducteur sont obtenus par des procédés pyrolytiques vers 500 à 600°C, ce qui aurait pour effet d'annuler l'effet de trempe [8]. L'utilisation de verre spéciaux (de type boro-aluminosilicate par exemple) permet d'améliorer la transmission lumineuse [13].

Pour une application photovoltaïque, le verre FTO est globalement meilleur qu'ITO [14]. Une forme hybride FTO/ITO [15] permettrait à l'avenir de combiner les avantages respectifs de ces deux TCO.

La résistance électrique des verres TCO varient de 5 à 1000 [$\Omega$/sq]. La diminution de cette résistance a un effet bénéfique sur le rendement η et le *fill factor* FF.

### 4.1.1.1. *Fluorine-doped tin oxide (FTO)*

Le dopage en fluor est minime (de 0,25 à 1% en poids) [12]. Ses propriétés physiques sont reprises dans le Tableau 1.

L'inconvénient du FTO est sa relative haute valeur de résistivité électrique par rapport aux autres TCO. Toutefois, cette résistivité n'est pas influencée par la température de recuit, Figure 3 [15].

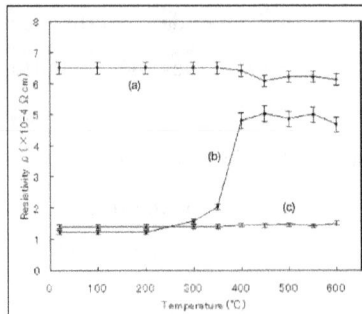

Figure 3 - Résistivité en fonction de la température pour FTO (a), ITO (b), hybride (c) [15].

FTO présente en outre une meilleure transmission optique de la lumière, en particulier dans l'infrarouge, Figure 4.

A courants de court-circuit ($I_{cc}$) identiques, FTO permet d'atteindre des potentiels de circuit ouvert ($V_{oc}$) plus important qu'avec son homologue ITO. Le rendement de conversion $\eta$ en sera d'autant meilleur. C'est pourquoi il est en effet plus souvent utilisé dans les cellules de Grätzel.

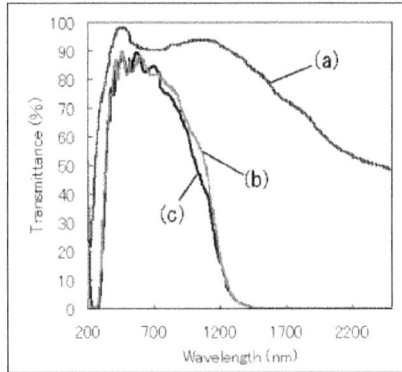

Figure 4 - Transmission optique en fonction de la longueur d'onde pour FTO (a), ITO (b), hybride (c) **[15]**.

### 4.1.1.2. *Indium tin-doped oxide* (ITO)

Sa composition massique est d'environ 90% en $Sn_2O_3$ et 10% en $In_2O_3$ **[12]**. Ses propriétés physiques sont reprises dans le Tableau 1.

L'ITO présente une excellente résistivité électrique à température ambiante, mais une augmentation brusque de la valeur de cette résistivité entre 300 et 400°C est à noter (Figure 3). Lors de la calcination de film de $TiO_2$, une température de 400 à 600°C est facilement atteinte. Les performances globales de la cellule s'en trouveront amoindries en cas d'utilisation de substrat de type ITO.

L'augmentation de température provoquerait une diminution de la concentration en porteurs de charge qui ne serait pas compensée par l'augmentation de la mobilité de ces porteurs **[15]**. Cet effet peut être jugulé par action d'un gaz réducteur avant et après l'étape de calcination **[16]**.

Son utilisation dans des applications plus courantes que le photovoltaïque (électronique, imagerie) lui permet toutefois de tenir actuellement le rang de leader sur le marché des TCO **[14]**.

Le Tableau 1 suivant reprend à titre comparatif les valeurs des quelques propriétés physiques évoquées, pour les différents TCO.

Tableau 1 - Comparaison des caractéristiques des type FTO et ITO [8]

|  | FTO | ITO |
|---|---|---|
| Taille moyenne des grains [nm] | 50 | 150 |
| Résistivité électrique (à t° amb) [$\Omega$.cm] | $6,5.10^{-4}$ | $1,2.10^{-4}$ |
| Résistivité électrique (à 400°C) [$\Omega$.cm] | $6,1.10^{-4}$ | $5,0.10^{-4}$ |
| Transmittance (à 550 nm) [%] | 85 | 80 |
| Rendement comparatif [%] | 2,7 | 2,1 |

### 4.1.1.3. Autres catégories des verres conducteurs

- *Antimony-doped tin oxide* (ATO) : Il s'agit d'un des TCO « historiques ». Il n'est plus utilisé actuellement en raison de sa haute valeur de résistivité électrique ($10^{-3}$ $\Omega$.cm) et sa faible transmission optique (75%) par rapport à ses concurrents ITO et FTO [16]. Des recherches sont actuellement menées en vue de son amélioration par modification de surface grâce à des dérivés-ferrocènes [17] ;

- Divers : il s'agit d'autres TCO dédiés à des domaines d'application particuliers ou au stade de la recherche. Certains sont utilisés purs, d'autres comme additifs au TCO classiques : $Nb_2O_3$, ZnO dopé en Ga, en Cd ou en Al, tellure de (Mo,V) dopé à l'argent, oxyde de (V,Pb) dopé à l'argent.

### 4.1.2. Plastiques flexibles

Les polymères anisotropes font office de substrats transparents (électrode « fenêtre » traversée par la lumière). Leur souplesse leur permet d'éviter une dégradation engendrée par des efforts mécaniques. Malheureusement, ces plastiques résistent mal au vieillissement résultant de l'exposition à la lumière et à l'environnement extérieur : leur résistance électrique interne augmente sensiblement, et les performances de la cellule se dégradent [8].

### 4.1.2.1. Polymères recouverts de TCO

Ils sont rendus conducteurs grâce au dépôt du même type de film [18] que ceux déposé sur verre, on peut citer parmi eux :

- Le polyéthylène téréphtalate (PET) ;
- Le polyester et le polyéthylène naphtalate ;
- Le polyimide (Kapton®).

Ils possèdent une certaine souplesse, une faible masse volumique, une excellente transmission optique et permettent une production rapide en continu. Par contre, ils ne supportent pas une température supérieure à 150°C. Au-delà, le polymère se dégrade et les substrats perdent de leur transparence et se distordent.

Ils ne peuvent donc être utilisés dans un procédé où une haute température (~ 450°C) est nécessaire à l'agglomération des particules de $TiO_2$ et l'élimination du surfactant. Il existe des techniques de dépôts ne requérant pas une haute température, mais des problèmes d'adhérence apparaissent sont à noter.

Les performances globales de la cellule s'en trouvent réduites par rapport à celles utilisant des électrodes de verre conducteur (5,5% au lieu de 10%, à titre de comparaison) [19].

### 4.1.2.2.    Polymères dopés au Platine

Un traitement supplémentaire de dopage au platine peut améliorer les performances des électrodes polymère. Cette opération peut être réalisée par traitement thermique ou par action d'un réducteur. On peut citer l'exemple du PET dopé au platine (Pt) [18], qui joue le rôle de contre-électrode transparente. Les nanoparticules de p-CuO ou de carbone peuvent se présenter comme des alternatives moins coûteuses que le platine [20].

### 4.1.3. Métaux

Le substrat joue toujours le rôle de support au film de TiO$_2$, mais à la cathode cette fois, étant opaque au rayonnement lumineux. Le contact se fera par l'arrière.

L'utilisation de métaux comme électrode est de développement récent. Il permet de combiner les avantages des plastiques (souplesse) et des verres conducteurs (haute conductivité). En outre, ils ne sont pas limités par une température critique lors d'un traitement thermique et résistent mieux au vieillissement [8].

### 4.1.3.1.    Acier inoxydable

La disposition en arrière dans la cellule permet en outre de réfléchir vers l'intérieur de la cellule la lumière qui l'aurait traversée sans être absorbée. Cette fraction du spectre lumineux (UV-visible) se retrouve disponible pour la transformation photo-électrique. L'IPCE s'en trouve améliorée.

Ce type d'électrode montre des performances (FF, η) très similaires à celles obtenues avec des substrats de verre FTO, les autres parties de la cellule restant identiques.

La transposition à l'acier inox des améliorations apportées aux verres (dopages) et aux plastiques (Pt, CuO) est envisageable.

#### 4.1.3.2. Aluminium

L'aluminium est également envisagé comme électrode. Sa surface nécessite d'être protégée de l'oxydation par $SnO_2$, l'oxyde d'aluminium étant isolant.

### 4.2. Films de semi-conducteur

Certains matériaux photo-actifs employés pour une application photovoltaïque (Si, GaAs, InP, CdS) sont incompatibles avec l'usage d'un électrolyte. En effet, sous illumination, ces matériaux ont tendance à s'oxyder et les performances de la cellule se dégradent.

Le dioxyde de titane ($TiO_2$) est un matériau semi-conducteur, qui présente une bonne stabilité sous l'exposition au rayonnement visible, et qui est en outre non toxique et relativement peu coûteux. La photo-électrode est constituée par un film de $TiO_2$ d'une épaisseur d'environ 10 μm qui recouvre le substrat TCO. Composé de nanoparticules de $TiO_2$ (10 à 30 nm), ce film peut présenter une surface spécifique plus de mille fois supérieure à sa surface apparente.

Normalement, la présence de certaines particules plus grandes (250 à 300 nm) permet de diffuser plus efficacement les photons incidents. La porosité du film doit être élevée, idéalement 50 à 70%, pour que l'électrolyte redox puisse pénétrer correctement dans le film.

L'utilisation d'autres oxydes semi-conducteurs a été envisagée dans de nombreux travaux. Parmi ceux-ci, l'oxyde de zinc ZnO apparaît comme un bon candidat puisqu'il cristallise aisément sous forme de bâtonnets permettant une conduction des électrons encore plus rapide qu'avec le $TiO_2$. Cependant, la surface spécifique développée est moins grande. A l'heure actuelle, c'est toujours l'oxyde de titane qui permet d'atteindre les meilleures performances, et les recherches se tournent davantage vers la mise au point de nouvelles formes de $TiO_2$, comme les nanotubes verticaux.

Toutefois, s'agissant d'un oxyde à large bande interdite, seul, il ne peut absorber que les longueurs d'onde les plus énergétiques du spectre solaire (UV et proche-UV). C'est pourquoi, un colorant y est adsorbé afin de capter les longueurs d'onde de plus basse énergie (visible et infrarouge) [21].

L'action d'un film poreux peut être estimé 2000 fois supérieure à celle d'un film compact. Une structure poreuse à forte cristallinité permet l'absorption d'une plus grande quantité de colorant (surface spécifique importante), tout en maintenant possible le passage des espèces redox de l'électrolyte vers les interfaces (larges pores).

Les paramètres importants de ce film sont donc : la géométrie et la distribution des pores et des particules, l'épaisseur, la surface spécifique et la cristallinité du film.

D'autres oxydes semi-conducteurs à large gap ($SnO_2$, $ZnO$, $Nb_2O_5$, $In_2O_3$) sont actuellement au stade de la recherche [22].

Lee & al. [23] ont mis en évidence que le courant de court circuit $I_{cc}$ augmente linéairement avec l'épaisseur du film. Toutefois, une trop grande épaisseur de film aboutit à une diminution de l'efficacité globale. L'optimum de performance est atteint pour une épaisseur de 25 µm.

Huang et al. [24] ont montré que l'efficacité de la cellule augmente linéairement avec l'épaisseur du film jusqu'à 10 µm (limitation due au manque de surface active) ; Au-delà, elle se stabilise à une valeur constante (limitation due à la diffusion). Ceci est corroboré par des mesures en impédance.

### 4.2.1. Influence de la morphologie

Toutes les études mettent donc en évidence qu'une large taille de pores et une surface spécifique élevée influence positivement l'efficacité de la cellule.

### 4.2.1.1. Nanoparticules

Les nanoparticules sont des grains de matière dont la taille est de l'ordre du nanomètre. Ils sont de plus en plus utilisés dans des applications courantes. A volume équivalent, ils développent une surface spécifique bien plus importante (~ 2000 fois plus pour le $TiO_2$) qu'un solide macroscopique compact de même nature.

Une grande finesse des nano-cristaux de $TiO_2$ alliée à une large taille des pores dans la matrice conduira donc à un bon transport des excitons vers leur électrode respective, et en conséquence à une meilleure efficacité de la cellule.

Une grande surface spécifique permet d'absorber plus de colorant, mais au prix d'une augmentation de la résistance de diffusion. Un large diamètre de pores permet une meilleure diffusion des espèces. Un compromis doit donc être fait dans le choix de la taille des nanoparticules de $TiO_2$ pour aboutir à la meilleure performance global de la cellule.

Qi & al. [25] ont mis au point une structure du type « nid d'abeilles » à pores sphériques, où l'alignement des pores perpendiculairement à la surface du substrat permet une meilleure diffusion des espèces. Une grande surface spécifique est préservée. Cette structure serait optimale et ils attestent d'excellents résultats pour un film dont la surface spécifique est comprise entre 33 et 137 m²/g et la porosité entre 61 et 80%. L'arrangement des pores est moins régulier lorsqu'on s'approche du substrat. Notons que cette structure présente en réalité deux types de porosité : macro-pores (les « nids », où la diffusion est aisée) et méso-pores (aux joints de grains des nanoparticules, où le colorant est absorbé).

Le principal avantage de cette structure en nid d'abeille est son potentiel d'utilisation avec les électrolytes solides. Ces électrolytes, souvent visqueux et de haut poids moléculaire, pénètrent en effet assez mal dans les pores de tailles réduites [25].

21

Figure 5 - Structure en nid d'abeille pour un film mésoporeux de TiO$_2$.

### 4.2.1.2. Nanotubes

Les nanotubes (Figure 6) constituent de véritables canaux dans la matrice TiO$_2$. Ils sont préparés par une technique sol-gel. A épaisseur comparable, il montre une meilleure efficacité qu'une structure simplement poreuse [26].

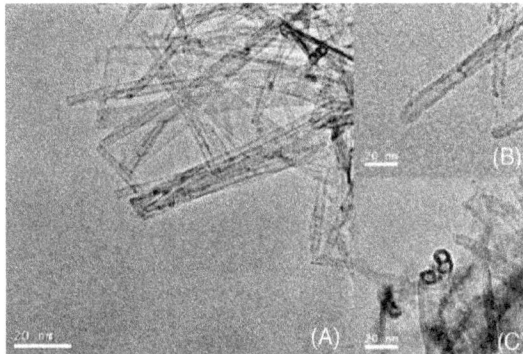

Figure 6 - Structure de nanotubes de TiO$_2$ par TEM [27].

Ceci peut être expliqué par la structure plus « ouverte » des pores qui permet une meilleure pénétration de l'électrolyte. Le déplacement des espèces et des électrons dans le film est facilité car le mouvement est unidimensionnel. La résistance électrique est moindre.

Toutefois, il sera nécessaire d'opérer un pré-dépôt de nanoparticules sans tubes à la surface du substrat pour garantir un contact électrique intime avec celui-ci.

La surface spécifique d'une structure en nanotubes est plus élevée que celle en nanoparticules simples (respectivement ~ 200 m²/g contre ~ 50 m²/g). La quantité de colorant adsorbé est d'ailleurs plus importante et en conséquence l'absorption de lumière beaucoup plus efficace.

Le diamètre moyen des tubes est compris entre 3 et 8 nm.

Il est également possible de synthétiser des nanotubes de $TiO_2$ avec comme support des nanotubes de carbone (CNTs 0,1% wt) **[28]**. Ils sont insérés dans la matrice poreuse de $TiO_2$. Grâce à leur excellente conductivité, les CNTs permettent d'obtenir des courants de court-circuit plus importants qu'avec une structure poreuse classique (de l'ordre de 50% supérieure). Le rendement s'en trouve évidemment amélioré d'autant.

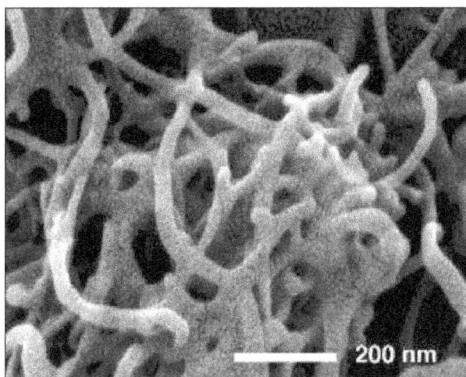

Figure 7 - Structure $TiO_2$ sur nanotubes de carbone par SEM **[28]**.

### 4.2.1.3.    Nano-fils, nano-tiges et nano-fibres

Un nano-fil résulte de la croissance d'un grain de $TiO_2$ dans une direction. Lorsque plusieurs nano-fils sont alignés, on les appelle nano-tiges (Figure 8). Il est actuellement possible de les synthétiser par *templating* sans apport thermique

23

important. Leur diamètre est d'environ 3 nm et leur longueur varie de 10 à 50 nm. L'agent surfactant est l'oxyde d'aluminium anodique (AAO).

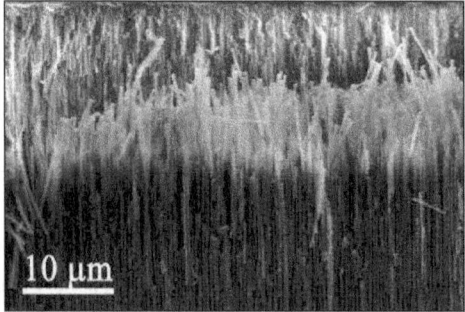

Figure 8 - Structure en nano-tiges de TiO$_2$ [28].

Song & al. [22] ont mis au point des films de TiO$_2$ à nano-fils enchevêtrés (Figure 9). On les appelle nano-fibres. Le diamètre des fibres (couramment 20 nm) peut être ajusté en modifiant les paramètres opératoires. L'agent surfactant est le polyvinyle acétate (PVAc). Le dépôt est réalisé par technique d'électrodéposition.

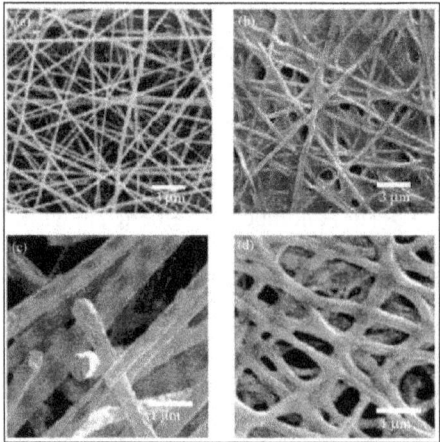

Figure 9 - Structure en nano-fibres de film TiO$_2$

Ce type de structure se prêterait particulièrement bien aux électrolytes polymères solide ou gel (pénétration plus aisée), étant donné l'ouverture des pores. L'utilisation d'un électrolyte de type gel (PVDF-HFP par ex.) plutôt que liquide en couplage avec une telle structure ne ferait chuter l'efficacité que de 10%.

### 4.2.2. Additifs

En vue de l'amélioration du rendement des cellules, des modifications peuvent intervenir au sein du film de $TiO_2$.

### 4.2.3. Enrobage de $CaCO_3$

Un enrobage des nanoparticules de $TiO_2$ par une « coquille » de $CaCO_3$ permettrait d'obtenir un gain de 25% dans le rendement de la cellule [29]. Le carbonate de calcium serait bénéfique sur deux plans :

- meilleure adsorption du colorant (haut point isoélectrique du $CaCO_3$) ;
- effet bloquant : prévention du retour des électrons (caractère isolant).

L'enrobage se déroule sur des nanoparticules commerciales non-agglomérées, par hydrolyse d'éthanoate de calcium, suivi d'un traitement thermique à l'air. Le poids optimum de $CaCO_3$ dans le mélange initial serait de 0,08%. L'épaisseur de l'enrobage est comprise en 0 et 10 nm.

### 4.2.4. Silice

L'introduction de particules de $SiO_2$ (taille : 250-450nm) dans la matrice améliore l'absorption lumineuse dans l'infrarouge (par effet de *light-scattering*) [23]. Le rendement global est amélioré de 25% par rapport à sa valeur initiale.

### 4.3. Colorant

Les colorants généralement utilisés et qui présentent les meilleures résultats sont des complexes de ruthénium, capables d'absorber le rayonnement électromagnétique dans une gamme de longueurs d'ondes allant généralement de 400 à 900 nm. Leur présence permet d'étendre considérablement le spectre d'absorption par rapport à celui du $TiO_2$, qui ne dépasse pas le domaine de l'UV. Deux de ces colorants sont représentés à la Figure 10 : il s'agit du $RuL_2(NCS)_2$ (N3 ou colorant « rouge ») et du $RuL'(NCS)_3$ (N749 ou colorant « noir »). La capacité d'absorption de ces colorants dans les domaines du visible et du proche infrarouge est attribuée à une excitation électronique au niveau du métal, suivie d'un transfert de l'électron du métal vers un ligand (*metal to ligand charge transfer*, MLCT).

Les colorants les plus fréquemment utilisés sont des complexes de ruthenium (II) avec ligands poly-pyridine. Ces colorants absorbent une large partie du spectre lumineux visible. Leur structure chimique est proche de celle de la chlorophylle, colorant naturel qui permet aux plantes de réaliser la photosynthèse.

Les complexes de ruthénium possèdent des groupements carboxyliques qui leur permettent de s'ancrer à la surface du film de $TiO_2$, jusqu'à un recouvrement total de celui-ci par une couche monomoléculaire de colorant. Cet ancrage donne naissance à une interaction électronique importante entre le ligand et la bande de conduction du $TiO_2$. Grâce à cette interaction, des électrons excités au niveau du colorant pourront être injectés efficacement dans la bande de conduction du $TiO_2$.

Etant donné la rareté et le coût élevé des complexes de ruthénium, différents colorants de substitution sont envisagés, parmi ceux-ci des colorants organiques, de synthèse ou naturels (extraits des plantes). Existant sous de nombreuses structures moléculaires, ces colorants présentent l'avantage d'être beaucoup moins coûteux que les complexes métalliques. C'est la raison pour

26

laquelle de nombreuses recherches visent à développer de nouveaux colorants organiques, présentant d'une part de bonnes propriétés d'absorption dans le spectre visible et proche infrarouge, et d'autre part des facultés d'ancrage sur le TiO₂ **[30313233]**.

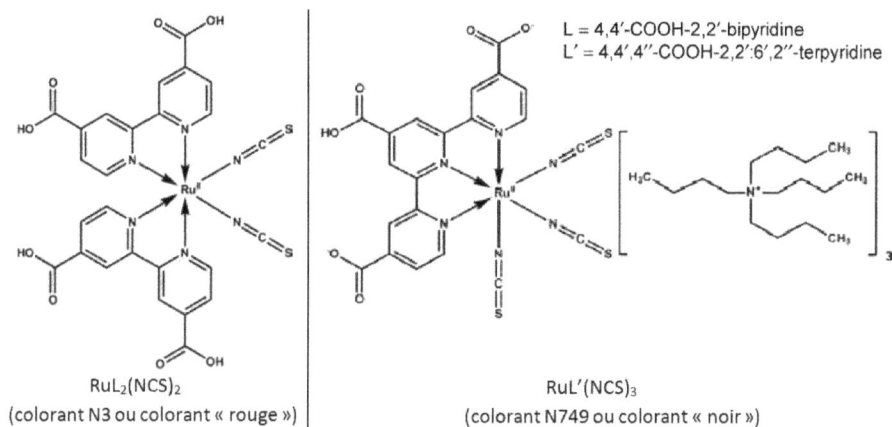

L = 4,4'-COOH-2,2'-bipyridine
L' = 4,4',4''-COOH-2,2':6',2''-terpyridine

RuL₂(NCS)₂
(colorant N3 ou colorant « rouge »)

RuL'(NCS)₃
(colorant N749 ou colorant « noir »)

Figure 10 : Structures moléculaires des colorants N3 et N749

### 4.3.1. Structure chimique et mécanisme de conduction

La structure du colorant peut être divisée en trois parties (Figure 11): les groupes d'ancrage (C), le centre de coordination Ru et ses ligands (B), les groupes auxiliaires (A).

Les groupes d'ancrage permettent aux colorants d'adhérer au semiconducteur. Ils participent également à l'absorption de la lumière. Les groupements auxiliaires ne sont pas directement liés au semi-conducteur. Ils fixent certaines propriétés des colorants.

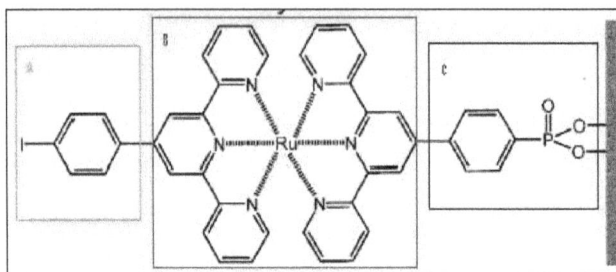

Figure 11 : Structure typique d'un colorant à complexe poly-pyridine de Ru(II) **[22]**

Les complexes poly-pyridines de métaux $d^6$ (comme le Ru) présentent une excellente capacité au transfert de charge, entre les ligands et leur métal complexé. Ils sont dès lors très utiles pour élargir le spectre d'absorption des oxydes métalliques à large gap (comme le $TiO_2$).

Concrètement, lors de l'émission du photoélectron à l'interface $TiO_2$-colorant, celui-ci est localisé sur le groupe d'ancrage et ensuite injecté dans la bande conduction du $TiO_2$ (Figure 12) ; le trou résultant est localisé sur un atome d'un groupement auxiliaire, avant sa migration à travers l'électrolyte **[34]**.

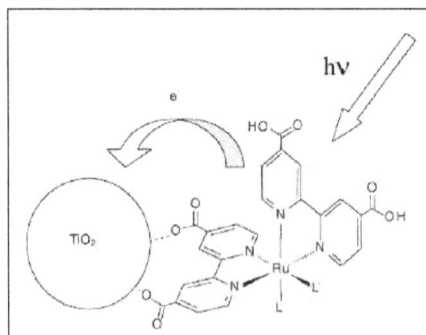

Figure 12 - Emission du photoélectron dans à l'interface $TiO_2$-colorant **[34]**.

#### 4.3.1.1.     Groupement d'ancrage

- acide carboxylique : La Figure 13 présente différents liens possibles des fonctions acides au $TiO_2$. Il reste actuellement difficile d'évaluer la nature véritable de ces liens. Il peut s'agir de lien ester, éther, hydrogène, etc.

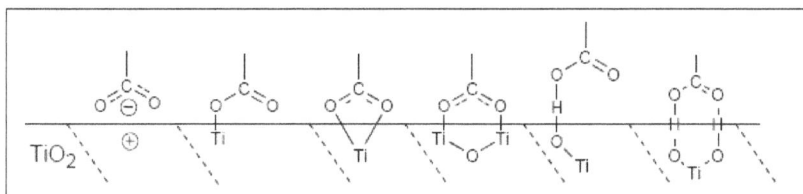

Figure 13 - Possibilités de lien entre le $TiO_2$ et la fonction acide des colorants **[35]**

- acide phosphorique : La Figure 14 présente un lien possible des fonctions acides au $TiO_2$. Ils sont moins fréquents que les ancrages par acides carboxyliques, car plus résistifs.

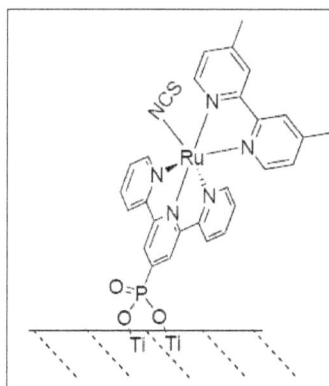

Figure 14 - Lien entre le $TiO_2$ et les fonctions phosphoriques des colorants **[35]**

### 4.3.1.2.    Complexe métallique d$^6$

Le Ru(II) est actuellement le seul élément utilisé couramment pour les colorants à complexe métallique. Des recherches sont toutefois menées avec d'autres métaux de la famille d$^6$ : Fe(II) (réduction du coût), Re(I), Os(II) (élargissement du spectre, performance globale).

### 4.3.1.3.    Groupement auxiliaire

Ils constituent les fonctions « libres » en contact avec l'électrolyte. Leurs natures peuvent être très variées. Leur choix d'un groupe influence grandement les propriétés d'absorption et de transfert des charges. Les plus courants sont les thio-cyanates (-NCS) et acides carboxyliques (-COOH).

### 4.3.2. Alternatives aux complexes de Ru

Depuis plus de vingt ans, des centaines de molécules ont été développées pour le marché des colorants. Une base de données en ligne [36] recense de manière assez exhaustive les colorants utilisés à l'heure actuelle.

Des colorants non-basés sur un complexe de Ru(II) sont utilisés ou font l'objet de recherche.

### 4.3.2.1.    Colorants naturels – anthocyanines

Certains extraits de fruit (mûre, prune par exemple) ont la capacité d'absorber une relativement large gamme du spectre lumineux, essentiellement grâce aux anthocyanines (cyanidine, cyanidine-3-glucosine et cyanidin-3,5-diglucosine) contenue dans ces fruits.

Adsorbé sur les films de $TiO_2$, ces molécules peuvent faire office de colorant dopant. Ils provoquent souvent un léger déplacement du spectre vers le rouge [37].

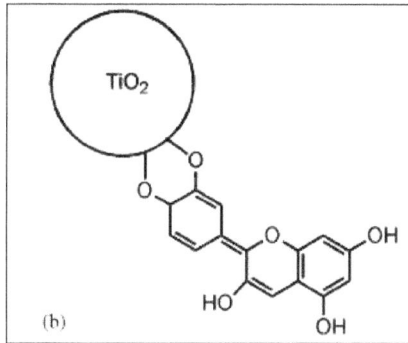

Figure 15 - Adsorption d'anthocyanine par lien chélate sur le $TiO_2$ [29]

La conversion est moindre (ff = 0,35 à 0,55) qu'avec des colorants à complexes de Ru, mais ils représentent une alternative économique et écologique à ceux-ci. Ils sont essentiellement utilisés à titre didactique et lors d'essais préalables.

Notons qu'un meilleur résultat peut être obtenu par combinaison de plusieurs extraits d'origines différentes [29].

### 4.3.2.2. Porphyrines

Ce type de colorant a été étudié par Campbell & al. [35]. La variété des molécules synthétisées est large mais n'atteint pas l'efficacité des composés courants (black dye, N3). Ils tentent à se rapprocher de la structure de la chlorophylle.

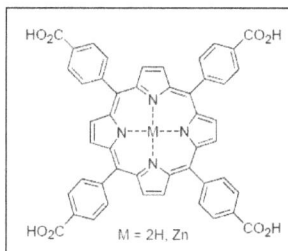

Figure 16 - Exemple de Porphyrine (M-TCPP).

31

### 4.4. Electrolyte redox

Le couple redox contenu dans une solution électrolytique va permettre la neutralisation des charges dissociées, une fois le circuit extérieur parcouru par l'électron :

- Restauration du colorant à l'interface avec l'électrolyte ;
- Neutralisation de l'électron photo-émis à la contre électrode.

La réaction au point de vue du couple redox est donc globalement nulle (Figure 17).

Les électrolytes liquides sont couramment utilisés, mais sont toutefois mal adaptés aux cellules photovoltaïques (encapsulation difficile, volatilité relativement importante, fuites éventuelles). Depuis quelques années, ils tendent à être remplacés par des électrolytes solides ou quasi-solides de type polymères conducteurs qui feront l'objet d'une partie de notre recherche.

Depuis les années 50, les polymères conducteurs font l'objet de nombreuses recherches **[38]**. Parmi ceux-ci, distinguons les conducteurs ioniques et électroniques. Ils diffèrent entre eux par leur mode de transport du courant (respectivement migrations d'ions ou déplacement d'électrons).

Les polymères conducteurs électroniques sont classés en deux sous-groupes, intrinsèques et extrinsèques, selon que la conductivité est due à la structure même du polymère (polymères conjugués) ou à un dopage (polymères HTM : *Hole Transporting Materials*).

Les polymères conducteurs ioniques sont eux classés en trois sous-groupes, selon que leur conductivité soit due à des groupes ioniques sur leur chaine (échangeur d'ions), à une solution ionique gonflant le polymère (gels) ou d'ions incorporés dans la matrice du polymère (électrolyte solide). Ces deux derniers types de polymère conducteur ioniques nous intéresseront particulièrement à l'avenir.

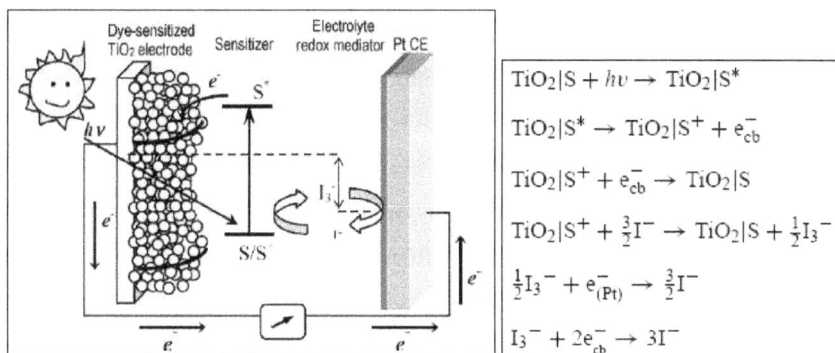

$$TiO_2|S + h\upsilon \rightarrow TiO_2|S^*$$

$$TiO_2|S^* \rightarrow TiO_2|S^+ + e_{cb}^-$$

$$TiO_2|S^+ + e_{cb}^- \rightarrow TiO_2|S$$

$$TiO_2|S^+ + \tfrac{3}{2}I^- \rightarrow TiO_2|S + \tfrac{1}{2}I_3^-$$

$$\tfrac{1}{2}I_3^- + e_{(Pt)}^- \rightarrow \tfrac{3}{2}I^-$$

$$I_3^- + 2e_{cb}^- \rightarrow 3I^-$$

Figure 17 - Représentation schématique et réactions en jeu dans une cellule DSSC [19].

### 4.4.1. Electrolytes liquides

Les électrolytes liquides sont généralement constitués d'une solution (organique ou non) contenant un couple réducteur (dans les DSSC, quasi-exclusivement $I^-/I_3^-$, introduits sous forme de NaI, KI, LiI et $I_2$) [39]. La conversion photoélectrique est efficace car la diffusion des espèces réactives est bien-sûr plus aisée en phase liquide qu'en phase solide. Ils ne permettent par contre pas d'espérer une tenue à long terme de ce type de cellule comme expliqué ci-dessus.

Notons que la concentration en tri-iodure doit être optimisée. En effet, absorbant une partie de la lumière visible la traversant, une solution trop colorée (forte concentration en $I_3^-$) diminuerait l'efficacité du colorant ; une trop faible concentration n'aboutirait qu'à un mauvais transport des électrons [19].

L'électrolyte classiquement utilisé dans les DSSCs contient des ions iodure ($I^-$) et tri-iodure ($I_3^-$), couple redox qui sert de médiateur pour les électrons entre la contre-électrode (cathode) et la photo-électrode (anode). Des mélanges de différents iodures sont employés (NaI, KI, LiI, iodures de dérivés de l'imidazolium, etc.) dans des concentrations allant de 0,1 à 0,5 M, avec 0,05 à

33

0,1 M de $I_2$, l'ensemble étant dissous dans un solvant aprotique comme l'acétonitrile. Pour une diffusion optimale des ions dans l'électrolyte, celui-ci doit présenter une viscosité aussi faible que possible. Elle peut être diminuée par ajout de composés basiques tels que la tertio-butylpyridine.

La mise en œuvre d'un électrolyte liquide entraîne des difficultés technologiques pour la fermeture hermétique des cellules. Par ailleurs, la stabilité et la durée de vie des cellules sont limitées par l'évaporation du solvant. Pour résoudre ces problèmes, des recherches récentes visent à substituer l'électrolyte liquide par des matériaux solides ou semi-solides (gels), conduisant à la fabrication de cellules « tout solide » (*solid-state dye-sensitized solar cells*, ss-DSSCs).

Les matériaux choisis doivent satisfaire plusieurs conditions, les principales étant d'une part qu'ils permettent une mobilité suffisante des porteurs de charges, et d'autre part qu'ils soient capables de pénétrer dans les pores du film semi-conducteur ($TiO_2$ nanocristallin), afin d'entrer en contact intime avec le colorant. Les études ont montré que les matériaux utilisables dans ce contexte sont de deux types : des semi-conducteurs de type p, notamment ceux à base de composés de cuivre comme CuI, CuBr ou CuSCN, et des polymères dit « conjugués », parmi lesquels un candidat intéressant est le poly(3,4-éthylène-dioxythiophène) ou PEDOT, hautement transparent dans le domaine du visible, fortement conducteur, et très stable à température ambiante [6 40].

Les électrolytes utilisés sont souvent des sels d'imidazolium ou de pyridinium contenant le couple $I^-/I_3^-$. Actuellement, l'iodure de 1-alkyl-3-methylimidazolium (alkyl: $C_3$–$C_9$) semble fournir la meilleure efficacité.

### 4.4.2. Electrolyte quasi-solides / gels

Un polymère gel contient du solvant en quantité non-négligeable. Celui-ci enserre les ions transporteurs de courant, et est lui-même contenu entre les chaines du polymère proprement dit. Les ions sont dissociés par ce solvant et transportés à travers le volume libre ou les micropores de la matrice polymère.

Les gels tentent donc d'allier la propriété cohésive des solides à la bonne diffusion dans les liquides.

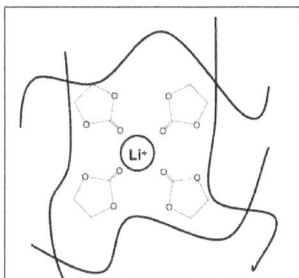

Figure 18 : Exemple de structure d'un électrolyte polymère gel.

Les structures polymère sont amorphes. Elles sont capables d'incorporer des solvants polaires (ex. le PVC gonflé par le carbonate de propylène). Ces solvants acceptent des quantités de sels dissous (par exemple : $LiClO_4$) conduisant à des conductivités de $10^{-3}$ S/cm. Il existe également des gels d'électrolytes aqueux réalisés avec des polymères hydrophiles tels que l'alcool polyvinylique ou le polyacrylamide [38].

Les matrices polymères les plus courantes sont : le polyoxyethylène, le polyacrylonitrile, le polyvinyl-pyrrolidinone, le polyvinyle-chloré, le polyvinylidène-carbonate, le polyvinylidene-fluoré) et le polymethylmethacrylate. Les masses moléculaires restent relativement basses.

Les polymères gels ne possèdent pas de réelles propriétés mécaniques, mais permettent une relativement grande mouillabilité des pores du $TiO_2$. En outre, la stabilité et la durabilité de la cellule dans son ensemble (plus d'évaporation de solvant) s'en trouvent améliorées, même elles restent loin d'être optimales. Le meilleur candidat à l'heure actuelle semble être le copolymère fluoré, polyvinylidène fluoré-co-hexafluoropropylène) (PVDF–HFP). L'efficacité peut atteindre 5 à 6%.

Lorsque l'on passe d'un état liquide à un état gel, les mécanismes de transfert restent sensiblement les mêmes et la valeur du potentiel de circuit ouvert ne change pas. Par contre la valeur du courant de court-circuit tend à diminuer lorsque la viscosité de l'électrolyte augmente. Les charges se déplaçant moins aisément, la réaction de régénération du colorant entrerait en compétition avec l'éjection du photoélectron dans la bande conduction du $TiO_2$. De plus, l'accumulation d'électrons à la contre-électrode due à la faible diffusion des ions $I_3^-$, limite également le courant de court circuit.

### 4.4.3. Electrolytes solides

Des liquides organiques, comme de diméthoxy-1,2 éthane (DME : $CH_3$-$O$-$CH_2$-$CH_2$-$O$-$CH_3$), dissolvent des sels comme le perchlorate de lithium, en formant des solutions conductrices ioniques. L'analogue macromoléculaire du DME est le polyoxyéthylène (POE) : $(-O-CH_2-CH_2)_n$ . Il fond vers 60°C et dissout à cette température de nombreux sels, le perchlorate de lithium étant un exemple typique, mais pas unique. Au refroidissement, le matériau se solidifie et forme une substance conductrice ionique. Des études aux rayons X ont montré que le POE fournit des structures cristallines hélicoïdales, au sein desquels se trouvaient les cations, coordonnés par les oxygènes donneurs d'électrons [38].

Les ions dissociés (transporteur de courant) migrent à travers le polymère via les volumes libres par interactions acide-base au sens de Lewis. Le transport de courant s'effectue donc selon un mécanisme de solvatation/dé-solvatation des ions le long des chaînes, préférentiellement dans la phase amorphe. La concentration en sel et en doublets -O- est à optimiser.

Les électrolytes 100% solides ne contiennent pas de solvant. Le remplacement d'un électrolyte liquide par un électrolyte solide s'accompagne d'une baisse de l'efficacité η. La tension de circuit ouvert $V_{oc}$, et le *fill factor* ff reste inchangé mais, la valeur du courant de court-circuit diminue, car la diffusion des espèces est rendue moins évidente.

### 4.4.3.1. POE, PEG et dérivés

Le mélange POE-sel ($LiClO_4$ par exemple) présente un diagramme de phase tout à fait normal, avec un point eutectique pour une composition de type $LiClO_4$ $(O-CH_2-CH_2)_n$ fondant vers 55°C.

À une température supérieure à 55°C, on trouve normalement des phases cristallines $LiClO_4$ $(O-CH_2-CH_2)_n$ dont le point de fusion se situe vers 180°C, dispersées dans un liquide de composition moins riche en $LiClO_4$ . Le POE utilisé étant généralement de haute masse moléculaire, le liquide est fortement visqueux et les cristallites assurent une réticulation physique qui confère en pratique au matériau un comportement d'élastomère thermoplastique et conducteur ionique par la phase viscoélastique. En ajoutant du perchlorate de lithium à ce polymère, on peut obtenir une composition $LiClO_4$-$(CH_2-CH_2-O)_8$ qui possède à 25°C une conductivité $\sigma = 10^{-7}$ S/cm. Il est possible d'améliorer cette conductivité pour utilisation dans les générateurs électrochimiques par incorporation d'agents de solvatation ou de copolymères. On peut ainsi obtenir des conductivités convenables de $10^{-5}$ S/cm utilisables dans les générateurs électrochimiques [38].

Un ajout de plastifiants, tel que des polyéthers de faible masse moléculaire (PEG) ou un solvant organique polaire (éthylène ou propylène carbonate), en petite quantité abaisse la température de transition vitreuse du polymère et augmente la mobilité des chaînes. Le plastifiant introduit un certain degré de désordre dans la phase cristalline et augmente le volume libre dans le polymère. La conductivité s'en trouve améliorée. On se trouve alors à la limite entre un gel et un électrolyte solide.

Parmi les matrices polymère les plus utilisée avec les électrolytes solides, citons le POE co-epychlorohydrine, le POE dibenzoate et le POE naphtalate [41].

Remarquons que l'emploi de POE (sensible à l'humidité) impose également de travailler en atmosphère sèche (< 1ppm en $H_2O$), par exemple sous vide, sous Ar ou air sec.

### 4.4.3.2. Polysaccharide

Nemeto & al. [42] ont mis au point polymère à matrice polysaccharide (agarose, k-carrageenan, λ-carrageenan) saturées en solution redox $I^-/I_3^-$. Il est déposé par une technique *roll-to-roll*. Il se présente comme une alternative au PEO.

## 5. Phénomènes physiques

La Figure 19 est un diagramme représentant les différents niveaux d'énergie qui interviennent dans le fonctionnement d'une DSSC. La conversion de l'énergie lumineuse en énergie électrique peut être expliquée en cinq étapes [21] :

- Le colorant adsorbé en surface du $TiO_2$ absorbe le flux de photons incidents.
- Le colorant passe de son état stable (S) à un état excité (S*): $S + h\upsilon \rightarrow S^*$, *via* une excitation électronique au sein du métal, suivie d'un transfert de charge du métal vers un ligand.
  Les électrons excités sont injectés dans la bande de conduction du $TiO_2$, ce qui correspond à une oxydation du colorant : $S^* \rightarrow S^+ + e^-(TiO_2)$.
- Les électrons injectés dans la bande de conduction du $TiO_2$ diffusent dans le film de nanoparticules jusqu'au verre conducteur, atteignent le circuit extérieur et la charge, avant d'aboutir à la contre-électrode.

- Le colorant oxydé (S⁺) est réduit et retrouve son état stable (S) grâce au médiateur rédox I⁻, qui quant à lui s'oxyde en $I_3^-$ : $S^+ + e^- \rightarrow S$.

- Le médiateur redox oxydé diffuse jusqu'à la contre-électrode pour y être réduit : $I_3^- + 2\,e^- \rightarrow 3\,I^-$.

Au final, la neutralité des charges est globalement rétablie, sans transformation chimique irréversible.

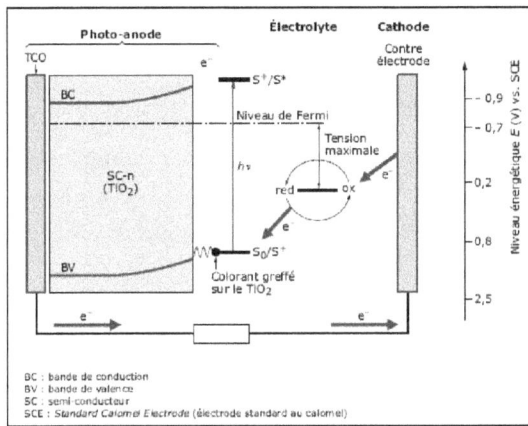

Figure 19 - niveaux d'énergie et transition électronique dans un matériau [2, 5].

Quatre niveaux d'énergie ont une influence importante sur les performances d'une DSSC : l'état stable et l'état excité du colorant, le niveau de Fermi du $TiO_2$ (niveau $E_F$, situé près du niveau d'énergie de la bande de conduction) et le potentiel rédox du couple médiateur dans l'électrolyte.

L'intensité du courant électrique obtenu est déterminée par la différence d'énergie entre l'état excité et l'état stable du colorant, appelés aussi respectivement les niveaux LUMO (*lowest unoccupied molecular orbital*) et HOMO (*highest occupied molecular orbital*). Au plus cette différence est faible, au plus le courant sera élevé car des rayonnements moins énergétiques du spectre solaire pourront être utilisés.

Par ailleurs, il importe que le niveau d'énergie du colorant dans son état excité (LUMO) soit suffisamment négatif par rapport à celui de la bande de conduction du $TiO_2$, sans quoi l'injection des électrons ne pourrait se faire efficacement. De la même façon, le niveau d'énergie du colorant dans son état stable (HOMO) doit être suffisamment positif par rapport au potentiel redox du couple médiateur, pour pouvoir accepter les électrons provenant de $I^-$.

Enfin, c'est la différence d'énergie entre le niveau $E_F$ et le potentiel redox du couple médiateur qui détermine le voltage maximum de la cellule. Dans le cas d'une DSSC utilisant du $TiO_2$ pour la photo-électrode et le couple redox $I^-/I_3^-$, ce maximum s'élève approximativement à 0,9 V, comme le montre la Figure 19.

Les niveaux d'énergie entre ces deux bandes ne peuvent en principe être occupés. L'énergie des photons doit donc être supérieure à cette bande interdite ou gap. C'est là tout l'intérêt de matériaux semi-conducteurs employés dans le domaine photovoltaïque : leur bande de valence et leur bande de conduction ne sont ni trop éloignées (comportement isolant ; excitation impossible), ni trop proches ou superposées (comportement conducteur ; recombinaison immédiate). L'énergie du photon est liée à sa longueur d'onde par :

E (eV) = 1,242 / $\lambda$ ($\mu$m)         (5)

En vertu de (5), seule une partie du spectre solaire (Figure 20) est utilisable pour un matériau semi-conducteur donné. Cette partie correspond aux longueurs dont l'énergie est au moins égale au gap.

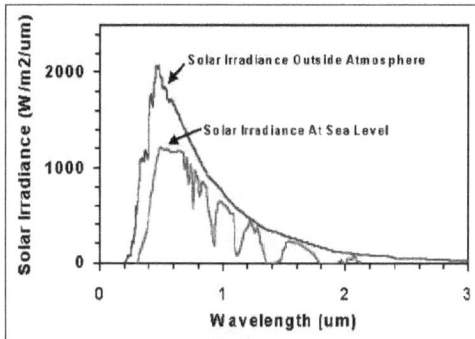

Figure 20 - Spectre d'irradiance solaire [2].

Lorsque l'électron excité passe de la bande de valence à la bande de conduction, il laisse derrière lui, un trou. Ce trou peut être comblé par un électron voisin, qui à son tour laisse un nouveau trou, et ainsi de suite. Ces mouvements de charges libres (électrons dans la bande conduction – trous dans la bande de valence), contribuent à deux densités de courants différentes (car la mobilité des charges n'est pas la même dans les deux bandes), dont la somme est la densité de courant totale i exprimée en [A/m²].

Pour obtenir du courant électrique à partir de l'énergie lumineuse, il faut donc idéalement que :

a) les électrons soient excités par les photons incidents ;

b) les paires électron-trou ne se recombinent pas jusqu'au moment où ils sont collectés par le circuit extérieur.

## 5.1. Absorption de la lumière

Il convient d'éviter la réflexion de la lumière hors de la cellule pour maximiser le rendement (emploi de couche anti-reflets ou de matériaux texturés qui « piègent » la lumière dans une large gamme de longueur d'onde) et de permettre à la lumière de créer des paires électron-trou (énergie du photon au moins égale à la bande interdite).

41

## 5.2. Mouvement de charge

La diffusion des charges (sous un gradient de concentration) et la durée de vie des charges sont les phénomènes limitant les performances de la cellule.

## 5.3. Recombinaison de surface et pertes résistives

Les effets de recombinaisons et de pertes peuvent être réduits par une optimisation de la géométrie et/ou des traitements de surface appropriés (passivation par ex.).

Le photo-courant généré est déterminé par la différence d'énergie entre les niveaux HOMO et LUMO du colorant. Cette différence est équivalente à la bande interdite des semi-conducteurs inorganiques. Plus elle sera étroite, plus important sera le photo-courant, par absorption d'énergie supplémentaire aux longues longueurs d'onde.

Toutefois, afin de permettre un transfert efficace d'électrons du colorant vers la bande conduction du $TiO_2$, le niveau LUMO du colorant doit être suffisamment haut pour être supérieur au niveau de Fermi du $TiO_2$. La différence d'énergie entre ces deux niveaux ($\Delta E_1$) doit donc être suffisamment négative.

Par analogie, afin de permettre un transfert efficace d'électrons de l'espèce réductrice du couple médiateur vers le colorant oxydé, le niveau HOMO du colorant doit être suffisamment bas pour être inférieur au potentiel redox du couple médiateur. La différence d'énergie entre ces deux niveaux ($\Delta E_2$) doit donc être suffisamment positive.

La tension générée sous illumination correspond à la différence entre le niveau de Fermi de l'électron dans le solide et le potentiel rédox du couple électrolytique.

L'intérêt du concept des DSSC réside dans le rapide déplacement des porteurs vers les électrodes, n'ouvrant que peu de possibilité de recombinaison (Figure 21). D'autre part, à part le colorant (nécessaire en infime quantité), les

42

matériaux ne sont pas coûteux et la déposition n'exige pas de technique sous vide. De nouveaux composants (tels des électrolytes à l'état gel ou solide plutôt que liquide) sont mis au point afin de faciliter les procédés d'encapsulation et d'emballage.

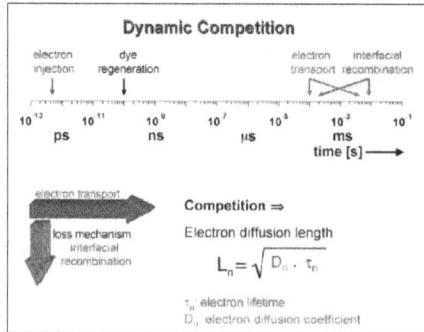

Figure 21 - Dynamique des réactions en jeu dans les DSSC **[43]**.

Tant au point de vue technique qu'économique, les cellules DSSC se présentent comme une alternative sérieuse aux cellules à jonctions silicium commercialisées à l'heure actuelle. Le contraste vient du fait qu'ici, les fonctions de collecte des photons et de transport de l'électron sont réalisées par deux organes distincts. La lumière est absorbée par le colorant réparti à la surface du semiconducteur. La séparation des charges s'effectue à l'interface par l'éjection de l'électron photo-induit du colorant vers la bande de conduction du solide, puis vers le circuit extérieur.

Un colorant à large bande d'absorption, couplé à la structure poreuse du film d'oxyde, permet de capter une large fraction de la lumière solaire (de l'UV au proche IR). Sous rayonnement standard (AM 1.5), les rendements atteints sont d'environ 10% à l'heure actuelle.

43

## 6. Performances

Dans la littérature scientifique, les performances d'une cellule photovoltaïque sont généralement exprimées par son rendement η, dans des conditions normalisées d'illumination, et également de température quand il s'agit de cellules au silicium. En effet, ce rendement global de conversion de l'énergie solaire en énergie électrique varie en fonction des conditions d'utilisation.

La section ci-après s'attache à définir avec précision le rendement η d'une DSSC, mais aussi à introduire les autres notions qui peuvent être employées pour caractériser son efficacité **[2, 21]**.

L'ensemble des paramètres permettent de comparer les performances des cellules entre elles. Ils sont définis pour des conditions standards de mesure : température de 25°C, irradiance = 1000 W/m², spectre correspondant au nombre d'air *Air Mass 1,5* (AM 1,5 norme internationale établie pour un rayonnement traversant l'atmosphère avec un angle de 41,81° par rapport à l'horizon, soit l'équivalent d'une fois et demi cette atmosphère en incidence normale).

Ces performances dépendent de la température de la cellule. On estime la perte en puissance à 0,5% par degré (pour les cellules classiques de type silicium).

### 6.1. Courbe courant – tension

La courbe représentée en rouge sur la Figure 22 ci-dessous est la courbe courant-tension caractéristique d'une cellule photovoltaïque sous une lumière donnée, c'est-à-dire dont la puissance et le spectre sont fixés. Pour répondre aux conditions normalisées, l'intensité doit être de 1000 W/m² et le spectre doit correspondre au nombre de masse d'air AM 1,5 (c'est-à-dire le spectre solaire après que les rayons aient traversé une fois et demie l'atmosphère terrestre ; voir annexe IX). Sur cette courbe apparaissent les valeurs du courant de court-circuit ($I_{CC}$) et de la tension à vide ou en circuit ouvert ($V_{CO}$). La caractéristique s'écarte de la caractéristique rectangulaire parfaite (de longueur $V_{CO}$ et de hauteur $I_{CC}$) en raison notamment des pertes résistives dues aux courants de fuite et aux connexions.

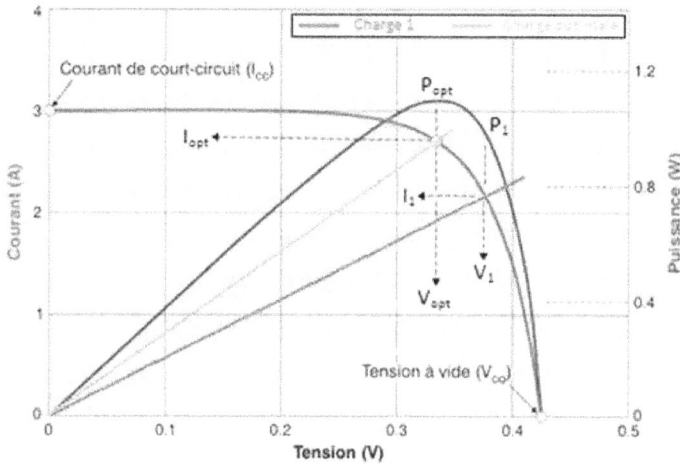

Figure 22 – Courbes courant-tension et puissance-tension d'une cellule photovoltaïque

Lorsque la cellule est connectée à une charge quelconque (charge 1), les valeurs du courant débité ($I_1$) et de la tension générée ($V_1$) peuvent être lues à l'intersection de la courbe caractéristique de la cellule avec la droite représentant la charge (en vert sur la figure). La puissance délivrée par la cellule vaut alors $P_1$. La courbe en bleu représente en effet la puissance délivrée, c'est-à-dire le produit de la tension par le courant. Celle-ci est maximale lorsque la cellule est connectée à une charge bien particulière, notée charge optimale (en jaune sur la figure). Puisque la courbe courant-tension varie en fonction des conditions d'utilisation, il en va de même pour la charge optimale.

## 6.2. Rendement photovoltaïque et facteur de remplissage

Le rendement η d'une cellule photovoltaïque est défini comme suit :

45

$$\eta = \frac{P_{max}}{P_{inc}}$$

avec $P_{max}$ la puissance électrique optimale délivrée par la cellule dans les conditions normalisées ($P_{max} = 1,1\,W$ dans l'exemple de la Figure 22), et $P_{inc}$ la puissance lumineuse incidente dans ces mêmes conditions (pour une cellule de carrée de 15 cm de côté, $P_{inc} = 1000 \times 0,0225 = 22,5\,W$). Tous les rayons reçus ne sont pas utilisables par la cellule, mais uniquement ceux dont l'énergie dépasse le minimum requis. Pour rappel, dans une DSSC, ce minimum est imposé par la différence entre les niveaux LUMO et HOMO du colorant. Pour cette raison, même le rendement théorique est bien inférieur à 1. Avec la prise en compte des différents écarts à l'idéalité, le rendement réel ne peut être qu'inférieur au rendement théorique.

Une autre notion permet de rendre compte plus spécifiquement de la conformité d'une cellule à la cellule parfaite, il s'agit du facteur de remplissage ou *fill factor*, noté $FF$ :

$$FF = \frac{P_{max}\,[W]}{I_{CC}\,[A] \times V_{CO}\,[V]}$$

$FF$ est égal à l'unité dans le cas de la cellule idéale, inférieur à 1 en pratique. Dans le cas de l'exemple cité ci-dessus, pour lequel $\eta = 1,1/22,5 = 4,9\,\%$, $FF = 1,1/(3 \times 0,42) = 87,3\,\%$.


## 6.3.  Efficacité quantique

Les composants photosensibles tels que les cellules photovoltaïques sont également caractérisés par une efficacité quantique notée IPCE pour *incident-photon-to-current conversion efficiency*. L'IPCE traduit, pour chaque longueur d'onde de rayonnement, le rapport entre le nombre de charges électroniques collectées et le nombre de photons incidents sur la surface photoréactive :

$$IPCE = \frac{1240\,[eV.nm] \times J_{CC}\,[\mu A.cm^{-2}]}{\lambda\,[nm] \times \Phi\,[\mu W.cm^{-2}]}$$

avec $\Phi$ l'intensité d'un rayonnement monochromatique de longueur d'onde $\lambda$, et $I_{cc}$ la densité de courant de court-circuit délivrée par la cellule exposée à ce rayonnement monochromatique. La Figure 23 ci-après montre un exemple des valeurs d'IPCE qu'il est possible d'atteindre avec des DSSCs traditionnelles employant du TiO$_2$, seul ou associé à des colorants à base de ruthénium.

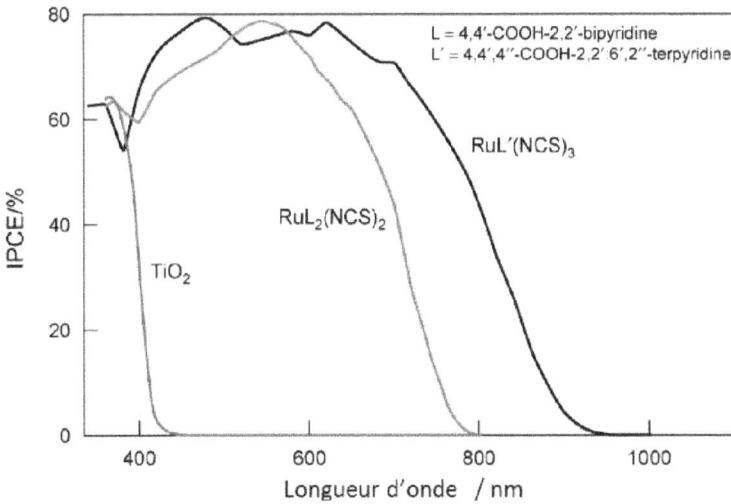

Figure 23 – Efficacité quantique (IPCE) de DSSCs avec TiO$_2$ sensibilisé par colorant à base de ruthénium

L'efficacité quantique (IPCE) traduit l'efficacité globale de trois étapes : (i) capture des photons par le colorant, caractérisée par une efficacité de capture de la lumière LHE (*light-harvesting efficiency*), (ii) injection des électrons dans le TiO$_2$, caractérisée par un rendement quantique d'injection d'électrons $\Phi_{inj}$, (iii) collecte des électrons injectés au niveau du contact arrière de la cellule, avec une efficacité $\eta_c$ :

$IPCE = LHE \cdot \Phi_{inj} \cdot \eta_C$

$LHE = 1 - T = 1 - 10^{-A}$

47

Dans cette dernière formule, T désigne la transmittance du colorant, et A son absorbance. Ces deux paramètres sont fréquemment employés pour décrire le spectre d'absorption.

## 7. Caractéristiques de la cellule

Pour caractériser une cellule photovoltaïque, on fait souvent recours à un schéma électrique équivalent, Figure 24.

Les performances photovoltaïques de la cellule peuvent être estimées à partir du courant électrique produit par la cellule lorsque celle-ci est soumise à une lumière monochromatique, de longueur d'onde variable et d'intensité calibrée. Lors de cette mesure, les électrodes de la cellule sont maintenues au même potentiel électrique (elles sont court-circuitées). On peut en déduire le rendement quantique externe défini comme le rapport entre le nombre de charges électriques collectées par photon absorbé. De même, l'utilisation d'un simulateur solaire permet d'exposer la cellule à une lumière dont l'intensité et la distribution spectrale sont proches de celles du soleil (condition d'illumination AM 1.5). On peut en déduire le rendement de conversion énergétique.

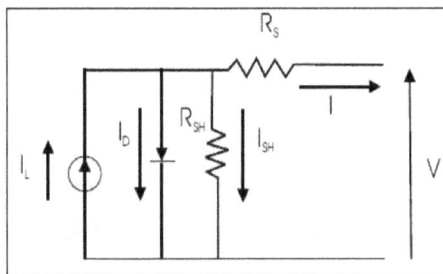

Figure 24 - Schéma électrique équivalent d'une cellule photovoltaïque [2].

Le courant $I_L$ [A] est le courant provoqué par l'absorption de la lumière ; il est pratiquement proportionnel à l'irradiance [W/m²].

$I_D$ [A] est le courant de diode, qui croît avec la tension appliquée V et décroît lorsque la température de la cellule augmente.

La résistance $R_S$ est la résistance en série du matériau, augmentée de celles dues aux contacts. La résistance $R_{SH}$ est la résistance en parallèle due aux courants de fuite.

Pour des résistances de charges faibles, la cellule se comporte presque comme une source de courant $I_{CC}$ (court-circuit). Si les résistances de charges sont élevées, elle se comporte presque comme une source de tension $V_{oc}$ (circuit ouvert).

Entre ces deux états extrêmes, existe un point de fonctionnement optimum où la puissance délivrée est maximale $P_{max}$ [W] (= $V_{max}$ x $I_{max}$) pour un ensoleillement donné. Le transfert de puissance n'étant jamais parfait, la puissance réelle délivrée est moindre [37].

**Remerciements**

Ce travail a été réalisé grâce au soutien financier de la Commission de l'Union Economique et Monétaire Ouest Africaine (UEMOA) à travers le Projet d'Appui à l'Enseignement Supérieur dans les pays de l'UEMOA (PAES/UEMOA).

# Bibliographie

[1] J.-F. Sacadura, Initiation aux transferts thermiques, Tec & Doc Lavoisier, pp. 89, 2000,

[2] R. Lepore, M. Frère, Le pôle énergie et l'énergie photovoltaïque – étude préliminaire, Faculté Polytechnique de Mons, 2006.

[3] PV-Trac, A vision for photovoltaic technology, Technical . report, European Commission, 2006. http://ec.europa.eu/research/energy/pdf/vision-report-final.pdf

[4]M. Grätzel, Dye sensitized solar cells, Journal of Photochemistry and Photobiology, Vol. C 4, pp. 145-153, 2003.

[5]P. Destruel & I. Seguy, Techniques de l'ingénieur – les cellules photovoltaïques organiques, Vol. RE 25, pp. 1-11, 2004.

[6] Y. Yu, M. Lira-Cantu, Solid state dye sensitized solar cells applying conducting organic polymers as hole conductors, Physics Procedia, Vol. 8, pp. 22-27, 2010.

[7] Improved Dye-Sensitized Solar Cell (DSSC) for Higher Energy Conversion Efficiency, http://techportal.eere.energy.gov/technology.do/ techID=360#, consulté le 7 novembre 2011.

[8]A. Ricaud, Techniques de l'ingénieur – modules photovoltaïques : filières technologiques, vol. D 3 940, pp. 1-16, 2005.

[9] T. N. Murakami, M. Grätzel, Counter electrodes for DSC: Application of functional materials as catalysts, Inorganica Chimica Acta, Vol. 361, pp. 572-580, 2008.

[10] B. Koo, D.-Y. Lee, H.-J. Kim, W.-J. Lee, J.-S. Song, H.J. Kim, Seasoning effect of dye-sensitized solar cells with different counter electrodes, Journal of Electroceramics, Vol. 17, pp. 79-82, 2006.

[11] J. Chen, B. Li, J. Zheng, J. Zhaoa, H. Jing, Z. Zhu, Polyaniline nanofiber/carbon film as flexible counter electrodes in platinum-free dye-sensitized solar cells, Electrochimica Acta, Vol. 56, pp. 4624-4630, 2011.

[12] Chi-Hwan Han & al., Synthesis of indium tin oxide (ITO) and fluorine-doped tin oxide (FTO) nano-powder by sol-gel combustion hybrid method, Materials Letters, Vol. 61, pp 1701-1703, 2007.

[13] www.solaronix.ch

[14] Qiao & al., A Comparison of fluorine tin oxide and indium tin oxide as the transparent electrode for P3OT/TiO$_2$ solar cells, Solar Energy Materials & Solar Cells, Vol. 90, pp. 1034-1040, 2006.

[15] Kenji Goto & al., Heat-resisting TCO films for PV cells, Solar Energy Materials & Solar Cells, Vol. 90, pp. 3251-3260, 2006.

[16] Bisht & al., Comparison of spray pyrolyzed FTO, ATO and ITO coatings for flat and bend glass substrates, Thin Solid Films, Vol. 351, pp. 109-114, 1999.

[17] Asaftei & al., Covalent layer-by-layer type modification of electrodes using ferrocene derivatives and cross-linkers, Electrochimica Acta, Vol. 49, pp. 4679-4685, 2004.

[18] Jun & al., A study of stainless steel-based dye sensitized solar cells and modules, Solar Energy Materials & Solar Cells, Vol. 91, pp. 779-784, 2007.

[19] Nogueira & al., Polymers in dye-sensitized solar cells: overview and perspectives, Coordination Chemistry Reviews, Vol. 248, pp. 1455-1468, 2004.

[20] S. Anandan, Recent improvements and arising challenges in dye-sensitized solar cells", Solar Energy Materials & Solar Cells, Vol. 91, pp. 843-846, 2007.

[21] A. Luque & S. Hegedus, Handbook of Photovoltaic Science and Engineering, Wiley, 2003.

[22] T. Stergiopoulos, I. M. Arabatzis, M. Kalbac, I. Lukes, P. Falaras, Incorporation of innovative compounds in nanostructured photoelectrochemical cells, Journal of Materials Processing Technology, Vol. 161, pp 107-112, 2005

[23] K.-M. Lee, V. Suryanarayanan, K.-C. Ho, The influence of surface morphology of $TiO_2$ coatings on the performance of dye sensitized solar cells, Solar Energy Materials & Solar Cells, Vol. 90, pp. 2398-2404, 2006.

[24] C.-Y. Huang, Y.-C. Hsu, J.-G. Chen, V. Suryanarayanan, K.-M. Lee, K.-C. Ho, The effects of hydrothermal temperature and thickness of $TiO_2$ film on the performance of a dye-sensitized solar cell, Solar Energy Materials & Solar Cells, Vol. 90, pp. 2391-2397, 2006.

[25]Qi & al., Templated titania films meso- and macroparticules, Materials Letters, Vol. 61, pp. 2191-2194, 2007

[26] Ismael C. Flores et al., Dye-sensitized solar cells based on $TiO_2$ nanotubes and a solid-state electrolyte, Journal of Photochemistry and Photobiology A: : Chemistry, Vol. 189, pp. 153-160, 2007.

[27] R. E. Cochran, J.-J. Shyue, N. P. Padture, Templated-based, near-ambient synthesis of crystalline metal-oxide nanotubes, nanowires and coaxial nanotubes, Acta Materiala, Vol. 55, pp. 3007-3014, 2007.

[28] T. Y. Lee, P.S. Alegaonkar, J.-B. Yoo, Fabrication of dye sensitized solar cell using $TiO_2$ coated carbon nanotubes, Thin Solid Films, Vol. 515, pp 5131-5135, 2007.

[29] S. Lee et al., Enhancement of the photoelectric performance of dye-sensitized solar cells by using a $CaCO_3$-coated $TiO_2$ nanoparticle film as an electrode, Solar Energy Materials & Solar Cells, Vol. 90, pp 2405-2412, 2006.

[30] S. G. Awuah, J. Polreis, J. Prakash, Q. Qiao, Y. You, New pyran dyes for dye-sensitized solar cells, Journal of Photochemistry and Photobiology A: Chemistry, Vol. 224, pp. 116-122, 2011.

[31] D. H. Lee et al., Organic dyes incorporating low-band-gap chromophores based on p-extended benzothiadiazole for dye-sensitized solar cells, Dyes and Pigments, Vol. 91, pp. 192-198, 2011.

[32] K. Srinivas, C. R. Kumar, M. A. Reddy, K. Bhanuprakash, V.J. Rao, L. Giribabu, D-π-A organic dyes with carbazole as donor for dye-sensitized solar cells, Synthetic Metals, Vol. 161 pp. 96-105, 2010.

[33] J. Min, J. Won,Y. S. Kang, S. Nagase, Benzimidazole derivatives in the electrolyte of new-generation organic dye-sensitized solar cells with an iodine-free redox mediator, Journal of Photochemistry and Photobiology A: Chemistry, Vol. 219, pp. 148-153, 2011.

[34] A. S. Polo, M. K. Itokazu, N. Y. Murakami Iha, Metals complex sensitizers in dye-sensitized solar cells, Coordination Chemistry Review, Vol. 248, pp. 1343-1361, 2004.

[35] Campbell & al, Porphyrins as light harvesters in the dye sensitized $TiO_2$ solar cells, Coordination Chemistry Reviews, Vol. 248, pp. 1363-1379, 2004.

[36] http://kuroppe.tagen.tohoku.ac.jp/~dsc/dye/collection.htm

[37] A. S. Polo, N. Y. Murakami Iha, Blue sensitizers for solar cells – natural dyes from Calafate and Jaboticata, Solar Energy Materials & Solar Cells, Vol. 90, pp. 1936-1944, 2006.

[38]J-P. Dubois & P. Michel, Techniques de l'ingénieur – Polymères Conducteurs, Vol. E 1 816, pp. 1-13, 1993.

[39] Hara & al., Influence of electrolyte on the photovoltaic performance of a dye-sensitized $TiO_2$ solar cell based on a Ru(II) terpyridyl complex photosensitizer, Solar Energy Materials & Solar Cells, Vol. 85, pp. 21-30, 2005.

[40] B. Li, L. Wang, B. Kang, P. Wang, Y. Qiu, Review of recent progress in solid-state dye-sensitized solar cells, Solar Energy Materials & Solar Cells, Vol. 90 (2005), pp. 549-573.

[41] Wolfbauer & al., Electrochemical, spectroelectrochemical and theoretical studies on the reduction and déprotonation of the photovoltaic sensitizer [(H3-tctpy)Ru(II)(NCS)3]-, Journal of Electroanalytical Chemistry, Vol. 490, pp. 7-16, 2000.

[42] J. Nemoto, M. Sakata, T. Hoshi, H. Ueno, M. Kaneko, All-plastic dye-sensitized solar cell using a polysaccharide film containing excess redox electrolyte solution, Journal of Electroanalytical Chemistry, Vol. 599, pp. 23-30, 2007.

[43] M.l Grätzel, The magic world of nanocrystals, from batteries to solar cells", Current applied physics, Vol. 6, Supplement 1, pp. e2-e7, 2006.

www.ingramcontent.com/pod-product-compliance
Lightning Source LLC
Chambersburg PA
CBHW020316220326
41598CB00017BA/1582